科学
能救命

让人迷失的沙尘

U0170744

[英]费利西娅·劳 [英]格里·贝利 著 [英]莱顿·诺伊斯 绘 苏京春 译

中信出版集团 | 北京

图书在版编目（CIP）数据

让人迷失的沙尘 /（英）费利西娅·劳,（英）格里
·贝利著;（英）莱顿·诺伊斯绘;苏京春译. -- 北京:
中信出版社, 2022.4
（科学能救命）
书名原文: Dry in the Desert
ISBN 978-7-5217-4132-2

Ⅰ.①让… Ⅱ.①费… ②格… ③莱… ④苏… Ⅲ.
①沙漠—探险—少儿读物 Ⅳ.① P941.73-49

中国版本图书馆CIP数据核字（2022）第044655号

让人迷失的沙尘
（科学能救命）

著　者:［英］费利西娅·劳　［英］格里·贝利
绘　者:［英］莱顿·诺伊斯
译　者:苏京春
审　订:魏博雯
出版发行:中信出版集团股份有限公司
　　　　（北京市朝阳区惠新东街甲4号富盛大厦2座　邮编　100029）
承 印 者:北京联兴盛业印刷股份有限公司

开　本:889mm×1194mm　1/20　　印　张:1.6　　字　数:34千字
版　次:2022年4月第1版　　　　印　次:2022年4月第1次印刷
京权图字:01-2022-0637
书　号:ISBN 978-7-5217-4132-2
定　价:158.00元（全10册）

出　品:中信儿童书店
图书策划:红披风
策划编辑:黄夷白
责任编辑:李银慧
营销编辑:张旖旎　易晓倩　李鑫櫏
装帧设计:李晓红

目 录

乔的故事

你们好！我是乔。

我有一个精彩的故事要讲给你们听。那是沙漠中的一次探险。

我在沙漠中迷路了。我还遇上了一场沙尘暴，风沙掩埋了我的吉普车，接着它就完全消失在了沙堆中。

那里是一片沙海，天气很热，非常非常的热！不过，在我所知道的科学知识和图阿雷格朋友的帮助下，我成功地走出了沙漠。

喝上一杯冷饮，让心情平静一些。我要开始讲故事了。

这个故事发生在炎热的沙漠之中。沙漠通常是广袤无垠的——那是一大片岩石和沙子的世界，也是一片空旷的荒地。很少有动植物能在那里生存。

世界上很多地方都有沙漠，但我在世界上最大的沙质荒漠，撒哈拉沙漠，我在寻找一些特别的东西——一座失落的城市！

沙漠是什么

沙漠是荒漠的通称，每年降水量很小。由于雨水很少，沙漠的地面非常干燥，灰尘很多，大多数植物不能在如此缺乏水分的地方生长。

它有多热

科学家通常会用一个放在阴凉、通风处的温度计来测量空气中的温度。1913年，在美国加利福尼亚州的死亡之谷，记录了地球有记录以来的最高的空气温度，为56.7℃。

但是地表温度可能会比空气中的温度高得多。几年前，美国国家航空航天局的一颗卫星记录到伊朗卢特沙漠的地表温度超过了70℃。

赤道是一条环绕地球的假想出来的线。许多炎热的沙漠位于北回归线和南回归线附近。这两条线也是环绕地球的假想线，分别位于赤道的北方和南方。它们是热带地区与温带地区的分界线。热带地区是地球上最炎热的地区。

撒哈拉沙漠是地球上最大的沙质荒漠。它横跨整个北非

撒哈拉沙漠的年平均降水量还不到 50 毫米，有些地区甚至连续多年没有过一次降水。

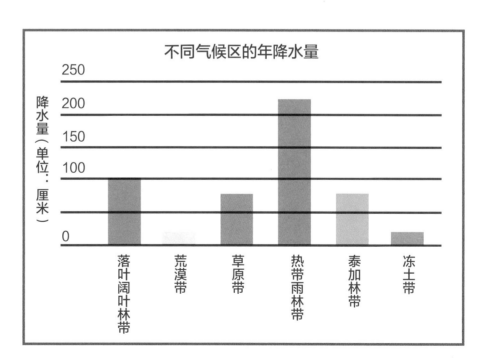

不同气候区的年降水量

降水量（单位：厘米）

250
200
150
100
0

落叶阔叶林带　荒漠带　草原带　热带雨林带　泰加林带　冻土带

3

本来在沙尘暴来临之前，我感觉一切都很顺利。但是沙尘暴突然就刮起来了，我不得不停下吉普车。我从车里爬出来，想看看前面是否有能躲避的地方，等我一转身，我的吉普车已经消失了！我只知道它被埋在了沙子里面，而我已经迷失了方向，不知道自己在哪里了。

沙尘暴

强风经常吹过沙漠地区。强风不仅会形成高高的沙丘，还会将沙刮到大气之中，造成危险的沙尘暴。沙尘暴会遮挡阳光、掩埋道路和绿洲。

哈马坦风是一种非常炎热的风，会产生红色的尘埃云。

哈姆辛风是一种干热的风，从撒哈拉沙漠吹向埃及。它通常在春季持续 50 天左右。冬天有时会刮起一股寒冷而多尘的哈姆辛风。

一堵沙尘墙横扫沙漠

哈布风暴来了，市场得马上关闭

西洛科风是一种热风，它带着灰尘、沙砾和沙粒穿过地中海吹向意大利、希腊和土耳其等地。它可以聚集足够的灰尘和沙子，产生沙尘暴。

哈布风暴是一种在撒哈拉沙漠南部地区引起沙尘暴的强风。常出现在夏季，通常伴有雷雨和小龙卷风。哈布风暴通常持续3小时左右，可以携带大量的沙子，犹如形成了一堵快速移动的沙墙。沙墙的高度可达1000米。

沙尘暴终于过去了，但我已经不知道自己身在何方了。沙漠小路和吉普车全部消失了。

究竟是哪一堆沙子掩埋了我的吉普车？是这个，还是那个？

我爬上了最高的那个沙丘，希望能找到一些线索。这些沙丘不断地被风吹过，形成新月形、抛物线形，甚至是星星的形状，横扫大地。

但令人惊讶的是，它放眼望去好像并不全是沙子。我仿佛看见了水。有一大片的水在远处闪闪发光。

什么是沙丘

在沙漠中，风把沙子堆积成高高的沙丘。沙丘的形状不同，名字也不同。

新月形沙丘是最常见的沙丘。这种形状的沙丘在火星上也有。

它们呈新月形，月牙的交角指向风向。它们通常是在单一方向的风或者两种相反方向的风的作用下形成的。

线状沙丘比新月形沙丘宽得多。它们形成的沙脊相互横向延伸，最长可达 160 米。

星状沙丘看起来像沙漠中的巨大海星。它们是从中央沙丘延伸出的多条像手臂一样的沙脊。它们是由来自不同方向的风吹而形成的。

新月形沙丘可以快速移动，一年可达 100 米

线状沙丘

星状沙丘

我多希望这是真的！因为我真的
很渴，而在我眼前的是一个大湖。

但我是一名科学家，我知道那只
是海市蜃楼，是光折射产生的幻象。

海市蜃楼

海市蜃楼是光经大气折射而形成的虚像。光沿直线传播，但它通过靠近地面的热空气时，传播的速度会比通过上面的冷空气时快。

当光从热空气进入冷空气时，就会弯曲。弯曲的光线会从一个不同的地方射入你的眼睛。这样就可以让一个遥远的物体看起来与它实际所在的位置完全不同。

太阳光

被反射的太阳光

冷空气

被折射的太阳光

虚像

光穿过不同介质时的速度不同。它通过水和玻璃的速度比通过空气的速度慢。

当光的速度减慢或者加快，它就会偏向新的方向。这种光线的偏离被称为光的折射。

该休息了。太阳在沙漠中渐渐落下，空气开始变得寒冷。白天，大气中几乎没有水分能够阻挡阳光，所以夜间热量也很容易散失。

我很快搭起了帐篷，安顿下来，准备过夜。

便携式住宅

如果你需要频繁地从一个地方移居到另一个地方，那么你的房子可能最好便于收起来带走，也便于再重新安装起来。这些房子可能形状各异，也可能使用了不同的结构。如拉伸结构，是指覆盖物被拉伸到固定在地面上的柱子上。

在叙利亚沙漠游荡的阿瓦西羊，它们的毛可织成布

现代游牧民族

今天，贝都因人的生活方式正在迅速改变。卡车正在取代骆驼成为主要的运输工具。一些营地也开始有了冰箱和电视机，由便携式发电机供电。咖啡是用煤气炉而不是传统的炉子煮的，原来都是用山羊毛做房子，现在开始出现帆布帐篷的身影。

撒哈拉沙漠地区的贝都因人和图阿雷格人的帐篷就是这样竖立起来的

贝都因人的住所已经大约有 4 000 多年没有改变过了。它由扎在沙子中的短木柱和羊毛织物等组成，这些短木柱支撑着一个由拉紧的山羊毛绳组成的框架。然后，把一个松散编织的山羊毛织物在框架上面拉伸开来，来作为墙壁和屋顶。这样，一个帐篷住所就竖立起来了。

什么动物住在沙漠里

小脚丫在帐篷外跑来跑去的声音使我无法安睡。许多沙漠动物是夜间活动的——它们只在夜间凉爽时才出来活动。

所以我也开始了夜间活动。我在月光下出发去追寻它们的足迹。我想，也许它们会把我带到水边。

很少有大型哺乳动物生活在沙漠中，因为大多数哺乳动物不会储存水分，很难长期在高温下生存。沙漠中却生活着一些小动物，它们会使用伪装——帮助它们躲避在岩石和沙子之后。

曲角羚

耳廓狐

耳廓狐是狐狸的一种，它有特别大的耳朵和极敏锐的听觉。它可以通过声音追踪猎物。它的毛色苍白，能反射大部分阳光。它甚至有特殊的肾脏，来帮助它减少身体中水分的流失

单峰驼是撒哈拉沙漠的主要骆驼。这些骆驼在驼峰中储存脂肪，使其可以长时间不进食。它们既可以长期不喝水，也可以在 10 分钟内喝下 100 升水

曲角羚是一种平脚羚羊，这种脚可以帮助它在沙滩上行走。不过，这种动物体形庞大，行动迟缓，很容易成为偷猎者的猎物。现在这种野生动物已所剩无几，它们可能很快就要完全灭绝了

羱羊是该地区山区的本地山羊。它们很耐旱，靠很少的植物就能够生存

它们做到了！没过多久，我便看到了棕榈树的树梢，知道自己已经到达绿洲了。我相信那里的水一定十分新鲜凉爽的。

我的水瓶早就空了，我也渴极了。

我喝了又喝，还把水瓶也灌得满满的。

什么是绿洲

绿洲是沙漠中具有水源和植物的地方。绿洲中的泉水是地下含水层的水到达地表形成的。泉水为动植物提供了淡水。撒哈拉沙漠中的人和动物都要依靠绿洲生存，他们往往会牢记这些绿洲的位置。

挖深井也是为了获得含水层中的水

含水层

　　水被困在渗透性岩石、沙子或砾石层的地方就会产生含水层。渗透性岩石意味着岩石具有水能够渗入的空间。当含水层被水淹没时，这种含水层就称为饱和含水层了。饱和含水层的最高水位称为地下水位。地下水位的上升或下降取决于降水量。

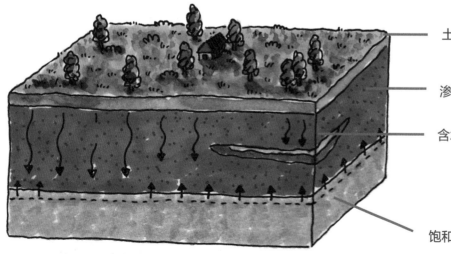

土壤

渗透性岩石

含水层

饱和含水层中的地下水位线

即使绿洲干涸了，周围也会留有很多植物。大多数沙漠植物都会在根和茎中储存水分。当天气变得非常炎热时，这些植物便可以利用这些水分了。而我，也可以这么做！

不过，我一下子又精神振奋了许多，因为我看到了挂着一大把一大把海枣的枣椰树。海枣是非常好吃的！

沙漠中的植物

北美洲的沙漠毒菊会在叶子上长出细小的绒毛。这些绒毛能保护植物免受冷热的侵袭，就像毯子一样。这些绒毛也有助于保持水分。

几千年来，海枣一直是食物的来源。枣椰树的果实——海枣，能够提供很多能量。它在穿越沙漠的长途旅行中也很容易储存和携带。

仙人掌的叶子很早以前就退化成了刺，所以它们在炎热的环境中也不会流失太多的水分。

我在树荫下休息，可能打了个盹儿。因为当我再次睁开眼睛时，我以为我正在做梦。

我看见了树丛中有一堵墙。我竟然偶然间发现了我一直在寻找的古老定居点，它是很久以前在这里繁衍生息的人们众多的定居点之一。因为这个地区曾经是肥沃的农田，而不是沙漠。

加拉曼特遗址

大约 3 000 年前，一个伟大的文明在撒哈拉沙漠中繁衍生息。这就是加拉曼特文明，它持续了数百年。

这个地区曾经拥有肥沃的土地，但随着沙漠开始蔓延，加拉曼特人知道他们需要水才能生存。这个聪明的人类部族建造了一种名为坎儿井的地下水利工程，它可以到达地下含水层，获取饮用水，并满足当地的灌溉所需。

充足的水资源使他们的人口得以增长，葡萄和小麦等作物得以繁茂，城市得以崛起。不幸的是，在 600 年中，他们利用坎儿井抽取了近 1 360 亿升水后，当地的水资源开始枯竭。时至今日，我们能看到的，只有这个伟大文明幸存下来的废墟了。

坎儿井的暗渠（一种沙漠地区用于供水的地下水道）仍然在帮助沙漠地区获取水源

这是加拉曼特王国的遗址，现在隶属于利比亚

沙漠在不断扩大

荒漠化指的是沙漠的蔓延，沙漠逐渐占据了更多肥沃的土地。这种情况发生在撒哈拉沙漠的部分地区，在过去的几十年中，那里的干旱期越来越长。这导致农作物再也无法生长，而食物和水变得更加稀缺。

科学家认为，沙漠扩大的主要原因是过度放牧和过度砍伐。这两种行为都会毁坏植物的根系，从而导致水土流失。沙漠中开采石油和其他采矿行为则会污染水源，从而导致植物无法生存。生态一旦遭到破坏，这些荒漠化的土地可能需要几个世纪才能逐渐修复。

沙子慢慢侵蚀肥沃的土地，这里的植物也很快就会死去

在世界上许多地方，想把水运送到家里可不是一件容易的事情

20

现代坎儿井

在利比亚，一条被称为"大人工河"（Great Man-Made River，GMR）的巨大沟渠正在穿越沙漠。这是世界上最大的灌溉工程之一。

2 820 千米长的管道和管道输送结构，被称为沟渠，里面输送的是来自撒哈拉沙漠地下深处含水层的淡水。自上一个冰河时期以来，这些水就一直在那里。这些水来自 1 300 多口井，大多数井的井深都超过了 500 米。它每天要向城市供应数十亿升的水资源。

人们在修建大人工河时铺设了巨型管道

虽然现在有了水和海枣，但我仍然急需找到吉普车，获得我的补给。幸运的是，救星就在眼前！

我听到了骆驼的声音，惊讶地看到一群图阿雷格商人来到了绿洲。他们向我打招呼，还给了我一些茶和水果。

他们向我讲述了加拉曼特人以及他们曾经建造过的伟大城市的故事。而我则把遇上了沙尘暴并且丢失了吉普车的事情全都告诉了他们。

谁居住在沙漠之中

帐篷很快就搭好了，也可以很快收起来

撒哈拉沙漠地区的人很友好、很好客

撒哈拉沙漠地区有两个主要部落。贝都因人是阿拉伯人，从中东进入该地区。图阿雷格人是北非地中海沿岸地区的柏柏尔人。他们说的是柏柏尔语中的图阿雷格语。

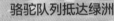

骆驼队列抵达绿洲

这两个部落都是游牧民族，他们经常骑骆驼穿越沙漠。他们放牧羊和牛。但由于游牧生活变得更加困难，一些图阿雷格人现在转向务农或在城镇就业。

图阿雷格人对沙漠中的每一座小山和每一处小丘都很熟悉。他们不到一小时就帮我找到了吉普车，并把它挖了出来。

吉普车的引擎轰鸣着启动了，我也准备离开了。我向新朋友挥手告别，然后开车渐渐离开了沙漠……

词汇表

含水层
当水被困在地下可渗透或多孔的岩石、沙子或砾石层时，含水层就出现了。

贝都因人
贝都因人是来自中东的阿拉伯人。历史上的贝都因人多是游牧民族，他们将牧群从一个地方迁移到另一个地方寻找食物。今天的他们更多从事稳定的贸易活动。

柏柏尔人
柏柏尔人起源于北非的沿海地区。他们也是传统的游牧民族。

荒漠化
荒漠化是世界各地沙漠地区扩张的环境变化过程。

沙丘
沙丘是被风吹成不同形状的移动沙堆。最常见的形状是新月形、线状和星状。

坎儿井
坎儿井是一种地下水利工程，用于到达地下含水层并提取水。

哈布风暴
哈布风暴是撒哈拉沙漠南部的一种强风，通常伴随着雷雨和小龙卷风。

海市蜃楼
当光线穿过靠近地面的暖空气时，就易产生海市蜃楼。它使对象看起来与实际位置不同。

绿洲
沙漠中地下水渗出地表形成泉水和长有植物的地方。水使植物茁壮成长。

沙尘暴
当大风把大量沙尘吹到大气中时，沙尘暴就发生了。

《每个生命都重要：身边的野生动物》

走遍全球 14 座大都市，了解近在身边的 100 余种野生动物。

《世界上各种各样的房子》

一本书让孩子了解世界建筑史！纵跨 6 000 年，横涉 40 国，介绍各地地理环境、建筑审美、房屋构建知识，培养设计思维。

《怎样建一座大楼》

20 张详细步骤图，让孩子了解我们身边的建筑学知识。

《像大科学家一样做实验》（漫画版）

超人气科学漫画书。40 位大科学家的故事，71 个随手就能做的有趣实验，物理学、数学、天文学等门类，锻炼孩子动手、动眼和思考的能力。

《人类的速度》

5 大发展领域，30 余位伟大探索者，从赛场开始了解人类发展进步史，把奥运拼搏精神延伸到生活之中。

《我们的未来》

从小了解未来的孩子更有远见！26 大未来世界酷炫场景，带孩子体验 20 年后的智能生活。